重庆市成人教育系列读本

养花养草

YANGHUA YANGCAO
ZIZAI WANNIAN

主　编　张俊生　张文玲

副主编　陈吉裕　何　洁　刘　丹

　　　　吴　琼　陈　凌　马丽杰

U0379471

重庆大学出版社

图书在版编目(CIP)数据

养花养草自在晚年 / 张俊生,张文玲主编. --重庆:
重庆大学出版社,2020.6
(重庆市成人教育系列读本)
ISBN 978-7-5689-2173-2

Ⅰ.①养… Ⅱ.①张… ②张… Ⅲ.①观赏园艺—中
老年读物 Ⅳ.①S68-49

中国版本图书馆 CIP 数据核字(2020)第 091590 号

养花养草自在晚年

主 编 张俊生 张文玲
责任编辑:袁文华 版式设计:袁文华
责任校对:邹 忌 责任印制:赵 晟

*

重庆大学出版社出版发行
出版人:饶帮华
社址:重庆市沙坪坝区大学城西路 21 号
邮编:401331
电话:(023)88617190 88617185(中小学)
传真:(023)88617186 88617166
网址:http://www.cqup.com.cn
邮箱:fxk@cqup.com.cn(营销中心)
全国新华书店经销
重庆升光电力印务有限公司印刷

*

开本:787mm×1092mm 1/16 印张:6.75 字数:74 千
2020 年 6 月第 1 版 2020 年 6 月第 1 次印刷
ISBN 978-7-5689-2173-2 定价:18.00 元

　　"花"的字面意思为种子植物的繁殖器官，"卉"为草的总称，花卉，即为花花草草。广义上的花卉包含所有具有观赏价值的植物。花卉以它们绚丽的风姿，把大自然装饰得分外美丽，给人以美的享受。

　　养花养草，可以丰富人们的精神文化生活，增添乐趣，陶冶性情，增进身心健康。

　　花卉种类繁多，根据其观赏部位分类，观花类如菊花、月季，色彩绚丽，花朵旖旎；观叶类如绿萝、发财树，郁郁葱葱，终年青翠。根据其形态特征分类，草本类茎秆质地柔软；木本类茎秆质地坚硬。

　　老年人在养花养草的过程中会产生各种疑问，比如：

　　客厅适合养什么花？

　　为什么养的花总是死掉？

　　到底该浇多少水，什么时候浇，换盆怎么换？

　　……

　　本书没有繁杂的理论，也没有难懂的专业词汇，而是从选花、选土、选工具开始，一步步手把手教老年花友如何不做植物"杀手"，如何让花卉长得好、长得旺……

　　养花养草其实不难，本书的目的就是用简单有效的方法帮助老年花友养活、养好心爱的花草，成为养花养草达人，轻松快乐地度过老年生活的每一天。

　　下面，请跟着我们的节奏一起开始吧……

目 录

第一课

认识花卉

第一讲　容易栽植的 21 种观叶植物

一、观叶植物的特点

观叶植物的叶色、叶形千姿百态，多用于装饰居室、厅堂或点缀庭院，其独特的风韵给人带来自然美的享受。

大多数观叶植物耐阴，终年常青，可以长期放在室内培养，全年都能观赏。

有的观叶植物具有净化空气的功能。常看绿色植物有利于消除眼睛的生理疲劳，调节情绪，使人心情舒畅。

多数观叶植物繁殖容易，不需要考虑花期和开花管理，管理简便。

二、观叶植物列举

下面的 21 种观叶植物比较容易购买，且管理养护简单，适合家庭栽植。

1. 虎尾兰

【别名】虎皮兰、虎皮掌

【科属】百合科虎尾兰属

【花期】春夏季

【养护要点】喜温暖、干燥和半阴的环境。不耐寒，耐半阴，忌水湿和强光。生长适温 13~24 ℃，5 ℃以下易受冻害。

2. 吊兰

【别名】挂兰、钓兰

【科属】百合科吊兰属

【花期】春夏季

【养护要点】喜温暖、湿润和半阴的环境。不耐寒,怕高温和强光暴晒,不耐旱和盐碱,忌积水。生长适温 18～20 ℃,冬季 7 ℃以上叶片保持绿色,4 ℃以下易受冻害。

3. 袖珍椰子

【别名】矮生椰子、矮棕

【科属】棕榈科竹棕属

【花期】春季至秋季

【养护要点】喜温暖、湿润和阳光充足的环境。不耐寒,怕涝,忌阳光直晒。生长适温 15～25 ℃,夏季能耐 35 ℃高温,冬季不低于 10 ℃。

4. 巴西木

【别名】香龙血树

【科属】天门冬科龙血树属

【花期】春季

【养护要点】喜高温、多湿和阳光充足的环境。不耐寒,耐阴,喜湿怕涝。生长适温 18～24 ℃,冬季低于 13 ℃休眠,5 ℃以下易受冻害。

5. 橡皮树

【别名】印度橡皮树、印度榕

【科属】桑科榕属

【花期】春季

【养护要点】喜温暖、多湿和阳光充足的环境。较耐寒,耐半阴和水湿。生长适温 13～22 ℃,夏季超过 30 ℃生长依然很好,低于 5 ℃易受冻害,导致大量落叶。

6. 文竹

【别名】云片松、刺天冬、云竹

【科属】天门冬科天门冬属

【花期】秋季

【养护要点】喜温暖、湿润和半阴的环境。不耐寒,怕强光暴晒,忌积水。生长适温 20～25 ℃,冬季不低于 4 ℃,夏季高温干燥时,叶状枝易发黄脱落。

7. 散尾葵

【别名】黄椰子、紫葵

【科属】棕榈科散尾葵属

【花期】夏季

【养护要点】喜高温、多湿和半阴的环境。不耐寒,耐阴,怕强光,忌积水。生长适温 10～24 ℃,空气湿度

50%以上,冬季不低于 10 ℃ ,低于 5 ℃ 叶片易受冻害,叶缘出现焦枯或腐烂。

8. 绿萝

【别名】黄金葛、魔鬼藤

【科属】天南星科麒麟叶属

【花期】夏季

【养护要点】喜温暖、湿润和半阴的环境。不耐寒,怕干燥,忌强光。生长适温 15 ~ 25 ℃ ,超过 30 ℃ 和低于 15 ℃ 生长缓慢,低于 10 ℃ 叶片柔软且卷曲,茎腐烂,春季超过 12 ℃ 萌发新芽。

9. 金钱树

【别名】雪铁芋

【科属】天南星科雪芋属

【花期】夏季

【养护要点】喜高温、湿润和半阴环境。不耐寒,怕干旱和强光。生长适温 18 ~ 30 ℃ ,冬季不低于 5 ℃ 。

10. 发财树

【别名】马拉巴栗、瓜栗、中美木棉、鹅掌钱

【科属】木棉科瓜栗属

【花期】秋季

【养护要点】喜高温、多湿和阳光充足的环境。不耐寒,耐干旱和耐半阴,怕强

光暴晒,忌积水。生长适温 20~30 ℃,空气湿度 60%~70%,冬季不低于 12 ℃,低于 5 ℃茎叶停止生长,易落叶。成年植株可耐短时 0 ℃低温。

11. 鹅掌藤

【别名】汉桃叶、狗脚蹄

【科属】五加科鹅掌柴属

【花期】夏季

【养护要点】喜温暖、湿润和半阴的环境。不耐寒,怕强光、干旱和土壤积水。生长适温 20~30 ℃,冬季低于 5 ℃易受冻害。

12. 豆瓣绿

【别名】椒草

【科属】胡椒科草胡椒属

【花期】夏末初秋

【养护要点】喜温暖、湿润和半阴的环境。不耐寒,稍耐干旱,忌阴湿,怕强光。生长适温 16~24 ℃,超过 30 ℃或低于 10 ℃茎叶生长缓慢,低于 5 ℃叶片易受冻害,严重时腐烂、死亡。

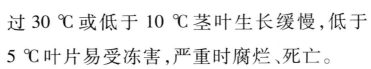

13. 白鹤芋

【别名】白掌

【科属】天南星科苞叶芋属

【花期】春夏季

【养护要点】喜高温多湿和半阴的环

境。不耐寒,怕强光暴晒。生长适温 24～30 ℃,秋冬季 15～18 ℃,冬季不低于 15 ℃,低于 5 ℃叶片易受冻害。

14. 幸福树

【别名】菜豆树

【科属】紫葳科菜豆树属

【花期】春季

【养护要点】喜高温、多湿和阳光充足的环境。不耐寒,稍耐阴,忌干燥。生长适温 20～25 ℃,阳光充足有利于新叶生长,冬季不低于 12 ℃,低于 5 ℃易受冻害,导致叶片变黄脱落。

15. 常春藤

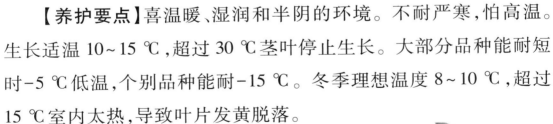

【别名】土鼓藤、钻天风、三角风

【科属】五加科常春藤属

【花期】秋季

【养护要点】喜温暖、湿润和半阴的环境。不耐严寒,怕高温。生长适温 10～15 ℃,超过 30 ℃茎叶停止生长。大部分品种能耐短时-5 ℃低温,个别品种能耐-15 ℃。冬季理想温度 8～10 ℃,超过 15 ℃室内太热,导致叶片发黄脱落。

16. 彩虹竹芋

【别名】红玫瑰竹芋、红背竹芋

【科属】竹芋科肖竹芋属

【花期】夏季

【养护要点】喜温暖、湿润和半阴

的环境。不耐寒,怕干燥和强光暴晒。生长适温 18~24 ℃,冬季不低于 8 ℃,夏季不超过 32 ℃,低于 5 ℃叶片易受冻害。

17. 棕竹

【别名】观音竹、筋头竹、棕榈竹、矮棕竹

【科属】棕榈科棕竹属

【花期】春末

【养护要点】喜温暖、湿润和半阴的环境。不耐寒,耐阴,怕强光。生长适温 10~24 ℃,空气湿度 50%以上,冬季不低于 10 ℃叶片仍青翠,低于 5 ℃易受冻害,叶缘出现焦枯或腐烂。

18. 富贵竹

【别名】开运竹、万年竹

【科属】天门冬科龙血树属

【养护要点】喜高温、多湿和阳光充足的环境。怕强光和干旱。生长适温 25~30 ℃,冬季不低于 10 ℃,低于 5 ℃茎叶易受冻害。

19. 网纹草

【别名】费道花、银网草

【科属】爵床科网纹草属

【花期】夏秋季

【养护要点】喜高温、多湿和半阴的环

境。不耐寒,怕强光暴晒,耐阴。生长适温 18~25 ℃,低于 13 ℃
会引起落叶,甚至全株受冻害枯萎死亡。

20.竹柏

【别名】椰树、罗汉柴、椤树、山杉

【科属】罗汉松科竹柏属

【花期】春季

【养护要点】喜温暖、湿润和半阴的环
境。较耐寒、耐阴、耐干旱。生长适温 13~
25 ℃,空气湿度 60%~70%,冬季 10 ℃以上叶片仍青翠,低于 5
℃小苗叶片易受冻害,成年植株能耐 -5 ℃低温。

21.铜钱草

【别名】中华天胡荽

【科属】伞形科天胡荽属

【花果期】5—11 月

【养护要点】喜温暖、湿润和半阴的环
境。生长适温 22~30 ℃,空气湿度 70%~80%。不争土,不争肥,
光和水充足便生机勃勃。

第二讲　容易栽植的 24 种观花植物

一、观花植物的特点

观花植物种类繁多、色彩丰富、花香迷人,深受人们的喜爱,

用其装点可使场所色彩更加丰富,一些花朵散发的香气可消除疲惫,使人心情愉悦。

二、观花植物列举

下面的 24 种观花植物,比较容易购买,且管理养护方便,适合家庭栽植。这些盆栽观花植物多数是室内装饰花卉。

1. 君子兰

【别名】剑叶石蒜、大叶石蒜

【科属】石蒜科君子兰属

【花期】冬春季

【养护要点】冬季喜温暖、夏季喜凉爽的环境。耐旱,耐湿,怕积水和强光。生长适温 20~25 ℃,冬季不低于 5 ℃,超过 35 ℃叶片易徒长,花莛伸长过高。

2. 山茶

【别名】茶花、山椿、耐冬

【科属】山茶科山茶属

【花期】春季

【养护要点】喜温暖、湿润和半阴的环境。怕高温和烈日暴晒,怕干燥和积水。生长适温 18~25 ℃,冬季能耐-5 ℃低温,低于-5 ℃嫩梢及叶片易受冻害。

3. 风信子

【**别名**】西洋水仙

【**科属**】风信子科风信子属

【**花期**】春季

【**养护要点**】喜凉爽、湿润和阳光充足的环境。不耐寒,不怕光。鲮茎以 6 ℃ 生长最好,萌芽适温 5～10 ℃,叶片生长适温 10～12 ℃,现蕾开花以 15～18 ℃ 最有利。

4. 大花蕙兰

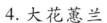

【**别名**】虎头兰

【**科属**】兰科兰属

【**花期**】春季

【**养护要点**】喜温凉和阳光充足的环境。不耐寒,耐阴,怕空气干燥,不怕湿。生长适温 10～25 ℃,冬季不低于 10 ℃,空气湿度 70%～80%,夏季遮光 50%～60%。

5. 香叶天竺葵

【**别名**】洋葵、石蜡红、洋绣球

【**科属**】牻牛儿苗科天竺葵属

【**花期**】春季

【**养护要点**】喜温暖、湿润和阳光充足的环境。不耐寒,忌积水,怕高温,耐瘠薄,稍耐阴。生长适温 10～20 ℃,冬季不低于 7 ℃,夏季处于半休眠状态,要严格控制水分。

6. 朱顶红

【别名】红花莲、朱顶兰、孤挺花

【科属】石蒜科朱顶红属

【花期】春季

【养护要点】喜温暖、湿润和阳光充足的环境。不耐严寒,怕水涝和强光。生长适温 20~25 ℃,冬季以 10~12 ℃为宜,不得低于 5 ℃。

7. 大丽花

【别名】大理花、天竺牡丹、大丽菊

【科属】菊科大丽花属

【花期】春夏季

【养护要点】喜半阴的环境。强光影响开花,光照时间一般 10～12 小时,不耐干旱,不耐涝。生长期内对温度要求不严,8～35 ℃均能生长,以 15～25 ℃为宜。

8. 月季

【别名】月月红

【科属】蔷薇科蔷薇属

【花期】夏秋季

【养护要点】喜温暖和阳光充足的环境。耐寒。生长适温 20～25 ℃,冬季低于 5 ℃进入休眠期。一般品种耐-15 ℃低温,抗寒品种能耐-20 ℃低温。

9. 八仙花

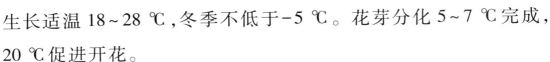

【别名】绣球、紫阳花

【科属】虎耳草科绣球属

【花期】春夏季

【养护要点】喜温暖、湿润和半阴
的环境。不耐严寒,怕水湿和干旱。
生长适温 18~28 ℃,冬季不低于-5 ℃。花芽分化 5~7 ℃完成,
20 ℃促进开花。

10. 长春花

【别名】金盏草、四时春、日日新、雁
头红

【科属】夹竹桃科长春花属

【花期】春夏季

【养护要点】喜温暖、稍干燥和阳光
充足的环境。耐热怕冷,忌湿怕涝,以干
燥为好。生长适温 16~24 ℃,冬季不低于 10 ℃,6 ℃以下停止生
长,逐渐叶黄脱落枯萎死亡。

11. 四季海棠

【别名】四季秋海棠、蚬肉海棠

【科属】秋海棠科秋海棠属

【花期】春夏季

【养护要点】喜温暖、稍阴湿的环

境和湿润的土壤。喜阳光,稍耐阴,怕寒冷,怕热,怕涝,夏天注意遮阴,通风排水。

12. 栀子花

【别名】栀子、黄栀子

【科属】茜草科栀子属

【花期】夏秋季

【养护要点】喜温暖、湿润和阳光充足的环境。较耐寒,耐修剪。生长适温 18~25 ℃,冬季能耐-5 ℃低温。

13. 百合

【别名】番韭、山丹、倒仙

【科属】百合科百合属

【花期】夏季

【养护要点】喜温暖、湿润和阳光充足的环境。不耐严寒,怕高温多湿,忌积水,耐半阴。生长适温 15~25 ℃,冬季不低于 0 ℃。

14. 茉莉

【别名】茉莉花

【科属】木犀科素馨属

【花期】夏秋季

【养护要点】喜温暖、湿润和阳光充足的环境。不耐寒,耐高温,怕干旱,喜强光。生长适温 25~35 ℃,冬季不低于 5 ℃。

15. 非洲凤仙

【**别名**】何氏凤仙花、苏氏凤仙花

【**科属**】凤仙花科凤仙花属

【**花期**】夏秋季

【**养护要点**】喜温暖、湿润和阳光充足

的环境。不耐寒,怕酷热和烈日,忌旱,怕涝。生长适温 17～20 ℃,冬季不低于 10 ℃,5 ℃以下易受冻害。

16. 叶子花

【**别名**】九重葛、三角花、三角梅

【**科属**】紫茉莉科叶子花属

【**花期**】夏秋季

【**养护要点**】喜温暖、湿润和阳光

充足的环境。不耐寒、耐高温,怕干

燥。生长适温 15～30 ℃,冬季不低于 7 ℃,开花需 15 ℃以上。

17. 桂花

【**别名**】岩桂

【**科属**】牛犀科木犀属

【**花期**】秋季

【**养护要点**】喜温暖、湿润和阳光充足

的环境。不耐寒和水湿,耐半阴。生长适

温 18～28 ℃,冬季耐 -8 ℃低温。遇高温、

干燥天气,开花推迟;若秋季气温偏低、雨水多,则开花提早。冬

季遇严寒,易受冻害导致落叶。

18. 仙客来

【别名】萝卜海棠、兔耳花、兔子花

【科属】报春花科仙客来属

【花期】冬春季

【养护要点】喜冬季温暖、夏季凉爽和湿润的环境。喜光,但怕强光直晒,忌积水。生长适温 12～20 ℃,冬季不低于 10 ℃,夏季不超过 35 ℃。

19. 比利时杜鹃

【别名】西洋杜鹃

【科属】杜鹃花科杜鹃花属

【花期】冬春季

【养护要点】喜温暖、湿润和阳光充足的环境。不耐寒,怕高温和强光暴晒,稍耐阴,怕干旱和积水。生长适温 15～25 ℃,5～10 ℃或 30 ℃以上生长缓慢,0～4 ℃处于休眠状态。

20. 水仙

【别名】中国水仙

【科属】石蒜科水仙属

【花期】冬春季

【养护要点】喜温暖、湿润和阳光充足的环境。不耐寒,喜半阴,怕高温。生长适温 10～20 ℃,冬季低

于-5 ℃易受冻害。

21. 瓜叶菊

【**别名**】富贵菊、篝火菊

【**科属**】菊科瓜叶菊属

【**花期**】冬春季

【**养护要点**】喜温暖、湿润和阳光

充足的环境。生长适温 5~20 ℃,白天不超过 20 ℃,10 ℃有利于花芽分化。

22. 非洲紫罗兰

【**别名**】非洲苦苣苔、非洲紫苣苔

【**科属**】苦苣苔科非洲苣苔属

【**花期**】四季

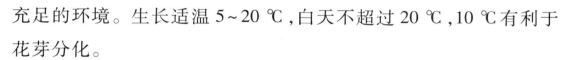

【**养护要点**】喜温暖、湿润和半阴

的环境。夏季怕强光和高温,冬季怕严寒和阴湿。生长适温 16~24 ℃,冬季不低于 12~16 ℃,夏季超过 30 ℃、冬季低于 10 ℃均对生长不利。

23. 金盏菊

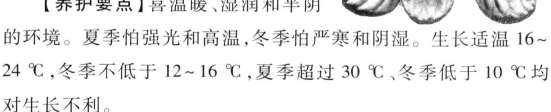

【**别名**】金盏花、黄金盏、长生菊

【**科属**】菊科金盏花属

【**花期**】冬春季

【**养护要点**】喜阳光充足的环境。

不择土壤,以疏松、肥沃、微酸性土壤为最好,能自播,生长快,较耐寒。适应性较强,能耐-9 ℃低温,怕炎热天气。

24. 美人蕉

【别名】大花美人蕉、红艳蕉

【科属】美人蕉科美人蕉属

【花期】夏秋季

【养护要点】喜阳光湿润的环境。适应性较强,不耐寒,怕强风和霜冻。生长适温 25~30 ℃,冬季不低于 5 ℃。

第三讲　容易栽植的 3 种芳香植物

一、芳香植物的特点

　　芳香植物被称为"天然杀菌剂",其所挥发的芳香醇、苯甲醇、香茅醇等成分具有杀菌、消毒、抗氧化的作用,可以杀死或抑制大量的有害微生物,给人们提供一个清洁、优雅的生态环境。

二、芳香植物列举

　　下面的 3 种芳香植物,比较容易购买,且管理养护简单,适合家庭栽植。

1. 迷迭香

【别名】海洋之露

【科属】唇形科迷迭香属

【花期】春末至夏季

【养护要点】喜温暖、干燥和阳光充足的环境。较耐寒,耐高温和半阴,忌水湿。生长适温 15~25 ℃,冬季不低于-5 ℃。

2. 碰碰香

【别名】一抹香、绒毛香茶菜

【科属】唇形科延命草属

【花期】夏季

【养护要点】喜温暖、湿润和阳光充足的环境。不耐寒,耐半阴,怕积水。生长适温 10~25 ℃,冬季不低于 10 ℃。

3. 薄荷

【别名】夜息香

【科属】唇形科薄荷属

【花期】夏季

【养护要点】喜温暖、湿润和阳光充足的环境。较耐寒,耐高温和半阴。生长适温 20~30 ℃,低于 0 ℃易受冻害,地下根茎可耐-15 ℃低温。

第四讲 容易栽植的 12 种多肉多浆植物

一、多肉多浆植物的特点

多肉多浆植物具有发达的肉质茎、叶或根。因大部分原产于干旱地区,一般都具有发达的储水薄壁组织。多肉多浆植物适应性强,尤耐干旱;形态奇特,种类繁多,或花、或毛、或刺、或棱,都会给人们一种新奇的趣味感;易于繁殖,基本上可以做到自养自繁。

二、多肉多浆植物列举

下面的 12 种多肉多浆植物比较容易购买,且管理养护简单,适合家庭栽植。

1. 玉露

【别名】绿玉环

【科属】阿福花科十二卷属

【花期】春季

【养护要点】喜温暖、干燥和阳光充足的环境。不耐寒,怕高温和强光,不耐水湿。生长适温 18～22 ℃,冬季不低于 5 ℃。

2. 芦荟

【别名】龙角、油葱

【科属】百合科芦荟属

【花期】夏季

【养护要点】喜温暖、干燥和阳光充足的环境。不耐寒,耐干旱和半阴。生长适温 15~22 ℃,冬季不低于 5 ℃。

3. 金琥

【别名】象牙球、无极球

【科属】仙人掌科金琥属

【花期】夏季

【养护要点】喜温暖、干燥和阳光充足的环境。不耐寒,耐干旱,怕水湿和强光。生长适温白天 13~24 ℃,夜间 10~13 ℃,冬季不低于 8 ℃。

4. 生石花

【别名】石头花

【科属】番杏科生石花属

【花期】秋季

【养护要点】喜温暖、干燥和阳光充足的环境。耐旱和半阴,怕水湿、高温和强光。生长适温 15~25 ℃,冬季不低于 12 ℃。

5. 石莲花

【别名】玉蝶

【科属】景天科石莲花属

【花期】秋季

【养护要点】喜温暖、干燥和阳光充足的环境。不耐寒,耐干旱和半阴,怕积水和烈日暴晒。生长适温 18 ~ 25 ℃ , 冬季不低于 5 ℃ 。

6. 熊童子

【别名】绿熊、熊掌

【科属】景天科银波锦属

【花期】春秋季

【养护要点】喜温暖、干燥和阳光充足的环境。不耐寒,夏季需凉爽,耐干旱,怕水湿和强光暴晒。生长适温 18 ~ 24 ℃ , 冬季不低于 10 ℃ 。

7. 火祭

【别名】秋火莲

【科属】景天科青锁龙属

【花期】秋季

【养护要点】喜温暖、干燥和阳光充足的环境。不耐寒,耐干旱,怕积水,忌强光。生长适温 18 ~ 24 ℃ , 冬季不低于 8 ℃ 。

8. 子持莲华

【别名】千手观音、白蔓莲

【科属】景天科八宝属

【花期】夏秋季

【养护要点】喜温暖、干燥和阳光充足的环境。不耐寒,耐半阴和干旱,怕水湿和强光。生长适温 20~25 ℃,冬季不低于 5 ℃。

9. 蟹爪兰

【别名】圣诞仙人掌、圣诞之花

【科属】仙人掌科蟹爪兰属

【花期】冬季

【养护要点】喜温暖、湿润和半阴的环境。不耐寒,怕强光暴晒和雨淋。生长适温 18~23 ℃,25 ℃以上不易形成花芽,冬季不低于 5 ℃。

10. 虹之玉

【别名】耳坠草、圣诞快乐

【科属】景天科景天属

【花期】冬季

【养护要点】喜温暖、干燥和阳光充足的环境。不耐严寒,耐干旱和强光,忌水湿。生长适温 13~18 ℃。叶片中部绿色,顶端淡红褐色,阳光下转为红褐色。

11. 紫叶莲花掌

【别名】黑法师

【科属】景天科莲花掌属

【花期】春末

【养护要点】喜温暖、干燥和阳光充足的环境。不耐寒,耐干旱和半阴,怕高温和多湿。生长适温 20～25 ℃,冬季不低于 6 ℃。

12. 条纹十二卷

【别名】锦鸡尾、条纹蛇尾兰

【科属】芦荟科十二卷属

【花期】夏季

【养护要点】喜温暖、干燥和阳光充足的环境。不耐寒,耐干旱和半阴,怕水湿和强光。生长适温 10～24 ℃,冬季不低于 5 ℃。

第五讲　容易栽植的 4 种蕨类植物

一、蕨类植物的特点

蕨类植物一般生长在阳光充足、温暖湿润的环境中,具有较强的耐阴性,叶片形状独特优美,适合美化家室,也可作为切花花卉的搭配植物。

二、蕨类植物列举

下面的 4 种蕨类植物比较容易购买，且管理养护简单，适合家庭栽植。

1. 鸟巢蕨

【**别名**】巢蕨、山苏花

【**科属**】铁角蕨科巢蕨属

【**养护要点**】喜温暖、湿润和半阴的环境。不耐寒，怕干旱和强光暴晒。在高温多湿条件下，全年可生长。生长适温 3—9 月 22～27 ℃，9 月至翌年 3 月 16～22 ℃，冬季至少 5 ℃以上。

2. 凤尾蕨

【**别名**】井栏草、小叶凤尾草

【**科属**】凤尾蕨科凤尾蕨属

【**养护要点**】喜温暖、湿润和半阴的环境。不耐严寒，耐阴，怕强光暴晒，耐干旱。生长适温 12～22 ℃，夜间 10～16 ℃。冬季不低于 10 ℃叶片仍保持翠绿；5 ℃以下叶片停止生长，有时也会受到冻害。

3. 肾蕨

【**别名**】蜈蚣草、圆羊齿、篦子草、石黄皮

【科属】肾蕨科肾蕨属

【养护要点】喜温暖、湿润和半阴的环境。不耐寒,怕强光。春夏季生长适温 16~24 ℃,秋冬季 13~16 ℃,冬季不低于 7 ℃,不低于 12 ℃叶片可保持翠绿。室温 7 ℃以下也能勉强过冬。自然萌芽力强。

4. 铁线蕨

【别名】铁丝草、少女的发丝、铁线草

【科属】铁线蕨科铁线蕨属

【养护要点】喜温暖、湿润和半阴的环境。不耐严寒,怕强光暴晒和干旱。生长适温 22~27 ℃,夜间 10~16 ℃,冬季不低于 10 ℃叶片可保持翠绿。室温-2 ℃能勉强过冬,但叶片枯萎,翌春能萌发新叶。

花卉名称讲解　扫码观看

第二课

花卉苗木的选购

第一讲　盆栽苗木的选购

盆栽苗木的选购要看其完整度、新鲜度等。

（1）完整度表现在植株形态端正，枝叶分布均匀，无缺枝、断枝，叶片排列有序，无病虫害，花序完整，花朵正常，挂果均匀，果实发育正常。

（2）新鲜度表现在植株茎部挺拔，叶色青翠欲滴，刺、毛有光泽，花朵丰满，色彩鲜艳，果实饱满，色泽光亮。过小或过大的植株都不要购买，要选择长势粗壮、芽多的苗木。

（3）要看苗木是否为新移栽的，选用原盆的苗木往往成活率高。如果为裸根苗，需要看裸根的须根数量，建议选择须根多的植株。

枝叶无伤痕，无病虫害

叶尖、叶缘不焦枯

叶片色泽正常，不发黄

苗木整株从容器中拔出，可以看到根生长发育健壮。根与培养土结合密实，培养土呈团块状，说明苗木生长发育旺盛

根色白或淡黄

图　盆栽苗木的选购

选购花木的幼苗,不仅要注意从外表上区分出壮苗、弱苗,还要留心植株的生长发育形态,比如苗子长相是否敦实、苗壮、生有节间等。

一般在选购一、二年生草本花卉(如勋章菊、一串红、矮牵牛、鸡冠花、三色堇等)时,选购类型分为3种:①从花木苗圃中挖出的花卉。②营养钵或花盆培植的花卉,进入花期后上市。③春播一年生、秋播二年生草本的花卉。

①②类花卉,选购时要检查苗土,了解用土属于什么类型。腐叶土或草炭土中掺拌珍珠岩、蛭石培育的幼苗,在定植花圃或栽植容器时需要加入一定比例的腐叶土或草炭土。营养基质培育的苗子,适应性广泛,幼苗定植最好使用与其育苗相同的栽培基质,不用普通的土壤,有利于缓苗。

②类花卉,多在温室中培育,栽培环境的改变会引起花卉外观发生改变,如花朵脱落、植株徒长、叶片变黄脱落等,选购时要选择生有节间、长势粗壮、敦实的苗子。

③类花卉,选购时不应选太幼小的花苗,春播花苗在春季回暖后购买,秋播花苗在秋季凉爽后购买,这样安全系数比较大。如购买过早,温度不适宜,易造成幼苗定植后生长发育不良或死亡。

此外,一、二年生草本花卉幼苗根基疏松,说明根系发育不健全。根从育苗钵底部排水孔钻出来,说明幼苗根的生长发育已无后劲,不宜选购。徒长的幼苗也不要购买,应选择生有节间、长势粗壮、叶色正常、形态敦实的幼苗。

在选购多年生草本花卉(如菊花、芍药、玉簪等幼苗)时,会发现植株根部被基质包裹,或假植在培育土中。运输过程中根部易受伤,要立起来摆放。以春秋季栽植为宜,栽后立即浇水定根。

花店或者花市出售的生长发育良好、株型优美的盆花,可以随时购买随时栽植,十分方便。

第二讲　花卉球根的选购

郁金香、风信子、百合、小苍兰、水仙、大丽花等球根观赏花卉需要购买种球种植。

选购花卉球根时,可确认外观是否完整,有无损坏发霉现象,若已出芽或生根,则检查芽体与根系是否鲜嫩健康。买回家后如果没有打算马上种植,可打开包装袋通风,切勿闷在包装袋中,以免发霉。

此外,可将球根放在白纸上敲打几下,检查有无小虫或虫卵掉落,并喷洒杀菌剂以防病菌、虫卵入侵,静置在阴凉处2~3天,确认无恙后即可种植。

球根观赏花卉种植后第一年,母球养分供植株生长消耗,母球基部生出子球。花期结束后直至叶片自然枯萎期间,子球依靠叶片在光合作用下制造的养分和根部吸收的养分继而肥大。所以,给球根花卉适时追肥,有助于子球的生长、发育。

球根叶片枯萎后进入休眠期,最好将其挖出保存。挖出后晾晒,剪去根须和叶片,妥善保存,留作下次栽种。夏栽、秋栽球根如风信子、郁金香,应于干燥阴凉环境中保存;春栽球根如美人蕉、大丽花,则必须于冷凉湿润环境中保存。

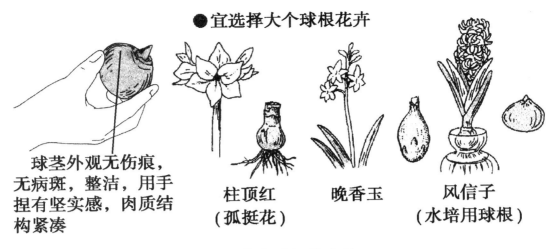

● 宜选择大个球根花卉

球茎外观无伤痕，无病斑，整洁，用手捏有坚实感，肉质结构紧凑

柱顶红
（孤挺花）

晚香玉

风信子
（水培用球根）

图　花卉球根的选购

第三讲　花卉种子的选购

选购花卉种子,要选择信誉良好的生产厂家,且种子经过认真包装。种子袋上除了标明植物的生育特性、栽培方法外,还要有产地、播种期、发芽率和有效期等。

观赏植物的播种季节,主要集中在春秋两季。春季播种称为春播,春播观赏植物的花期为春末至秋季。秋季播种称为秋播,秋播观赏植物的花期为冬季至翌年春季。即使是同一种植物,播种期不同则花期不同。大部分植物种子发芽所需温度均在 15~25 ℃。原产于热带、亚热带,喜好温暖的植物适合春季播种;原产于温带,喜好凉爽的植物适合秋季播种。

种子贮藏需要冷凉干燥的环境。空气湿度低于30%时,种子即进入休眠状态。采集的种子应充分干燥后放入冷藏库或冰箱内保存。种子也有寿命,要尽量按期采种,按期播种。

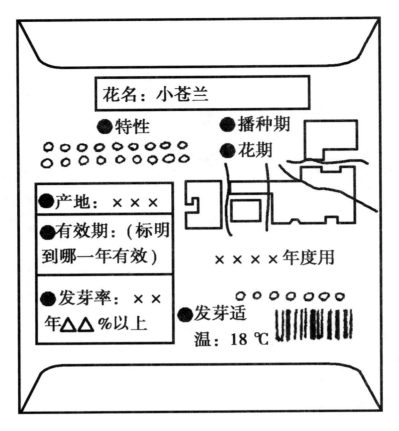

图　花卉种子的选购(种子袋)

第三课
常用园艺器具的选择

第一讲　栽培土的选择

　　家庭养植花卉,一般采用配置的栽培土或者选购专用的花卉营养土,到郊外挖土并不适合新手。到花市或者农资店购买专用基质是最佳选择,其种类繁多,搭配使用效果更好。

一、常用花卉栽培土壤及特点

　　常用的花卉栽培土壤及特点,归纳如下。

　　1. 园土

　　【特性】微酸性土壤。多为经改良、施肥、精耕细作的菜园土和花园土。

　　2. 泥炭土

　　【特性】酸性或微酸性,吸水性强,有机质丰富,较难分解。

　　3. 蛭石

　　【特性】孔隙度大,持水性强,但长期使用影响透气和排水。

4. 苔藓

【**特性**】疏松,透气,保湿性强。

5. 腐叶土

【**特性**】有丰富的腐殖质,利于保肥和排水,土质疏松,偏酸性。

6. 培养土

【**特性**】有较好的排水、持水能力。

7. 珍珠岩

【**特性**】材料轻,透气性好,保湿,但保肥性较差。

8. 陶粒

【**特性**】透气性好,但保水性差。

二、不同花卉栽培时的土壤组合配比

1. 一、二年生草本花卉

宜用 50% 培养土和 50% 沙；或 50% 泥炭土、20% 沙和 30% 树皮屑；或 50% 园土、30% 腐叶土和 20% 沙。如金鱼草、雏菊、凤仙花、一串红、紫罗兰等。

2. 多年生宿根花卉

宜用 50% 腐叶土、25% 园土和 25% 沙；或 30% 园土、40% 腐叶土和 30% 沙。如君子兰、非洲菊、玉簪、鹤望兰、香石竹等。

3. 多肉植物

宜用 35% 腐叶土、35% 沙、15% 蛭石和 15% 泥炭土；或 25% 腐叶土、25% 泥炭土和 50% 沙。如龙舌兰、芦荟、仙人掌、长寿花等。

4. 球根花卉

宜用 50% 培养土和 50% 腐叶土；或 50% 泥炭土、30% 珍珠岩和 20% 树皮屑。如百子莲、美人蕉、大丽花等。

5. 观叶植物

宜用 40% 腐叶土、40% 培养土和 20% 沙。如虎耳草、绿萝、龟背竹等。

6. 木本花卉

宜用 40% 腐叶土、40% 培养土和 20% 沙。如山茶、杜鹃、栀子等。

7. 垂吊植物

宜用 40% 园土、40% 腐叶土和 20% 沙；或 80% 树皮屑和 20% 沙；或 50% 园土、40% 腐叶土和 10% 沙。如吊兰、天竺葵、香豌豆、蟹爪兰、常青藤等。

8. 柑橘类植物

宜用 50% 园土、25% 沙和 25% 泥炭土，此基础上再加 10% 有机肥（如腐熟饼肥、厩肥等）。如佛手、金橘、红橘等。

9. 热带兰

宜用 30% 树皮屑、30% 椰壳和 40% 蕨根（蕨根为水龙骨科植物的根或树状蕨类纤维结构的茎，其透水、透气性好，不易腐烂，但保水性差）；或 40% 树皮屑、30% 沸石（沸石即火山石，质轻，透气性好）和 30% 水苔。如蝴蝶兰、石斛、文心兰、卡特兰等。

10. 地生兰

宜用 50% 泥炭土、15% 树皮屑、15% 椰壳和 20% 蕨根；或 50% 泥炭土、20% 树皮屑、15% 沸石和 15% 苔藓。如春兰、大花蕙兰、兜兰等。

第二讲　花盆的选择

一般来讲，花盆的深度应是植株高度的 1/4～1/3，如一株 1.2 米高的植物，花盆深度需 30 厘米以上。花盆直径的大小应为容器深度的 2/3 左右，即 30 厘米的深

花盆那些事儿　扫码观看

盆,直径应为 20 厘米左右。花草与花盆要平衡、和谐,切忌出现头重脚轻或小苗大盆的情况。

花盆质地要根据花卉的种类和特点来选择,不同的花卉选择不同的花盆。常见花盆及特点汇总如下:

1. 塑料盆

【适宜花草】中、小型花卉或多肉植物。

【优点】质地轻巧,外观漂亮,价格便宜。

【缺点】透气性和渗水性差,使用寿命短。

2. 瓷盆

【适宜花草】耐水湿植物。

【优点】造型美观,图案雅致。

【缺点】透气性和渗水性差,极易受损。

3. 玻璃盆

【适宜花草】水培花卉。

【优点】造型别致、简约,清新洁净,具观赏性。

【缺点】没有排水孔,极易积水,容易破损。

4. 陶盆

【适宜花草】中、小型花卉。

【优点】透气性和渗水性好，土温稳定。

【缺点】盆器较重。

5. 木盆

【适宜花草】中、大型花卉。

【优点】外形凸显田园风格，透气性好。

【缺点】体积较大，浇水后过重，容易腐烂损坏。

第三讲　浇水用具的选择

浇水是家庭花卉栽培最平常的活动，不同浇水场合（室内、室外）、不同浇水部位（植物根部、叶面等），要使用不同的浇水工具。喷壶、喷雾器等都是必需的浇水用具。

一、喷壶

喷壶装水后质量会变大，最好选用塑料壶，质量轻，使用方便。带莲蓬头的喷壶，喷水细密、轻缓，不会伤及植物茎叶。

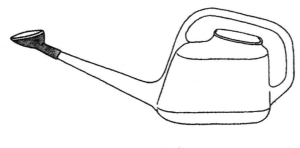

图　喷壶

喷壶的使用方法如下：

（1）莲蓬头向上，喷水呈扇面，涉及面积大。

（2）莲蓬头向下，喷水集中，水流不分散。

（3）取下莲蓬头，用于浇灌根部。

（4）浇灌根部时用手遮挡，可减缓水势，防止水流过大冲失盆土，使根部外露。

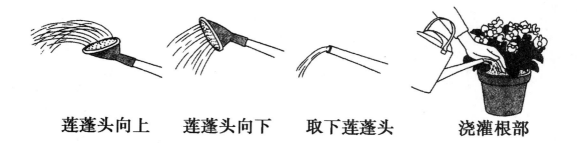

　莲蓬头向上　　　莲蓬头向下　　　取下莲蓬头　　　浇灌根部

图　喷壶的使用方法

二、喷雾器

　　家用喷雾器一般有小型手持喷雾器和连接水源的喷雾器两种。小型手持喷雾器轻便实用，一般用于室内盆栽喷洒，冲洗叶片，也可以用来喷施叶面肥或者农药。连接水源的喷雾器一般用于花园等室外喷洒，降温增施，快速方便。

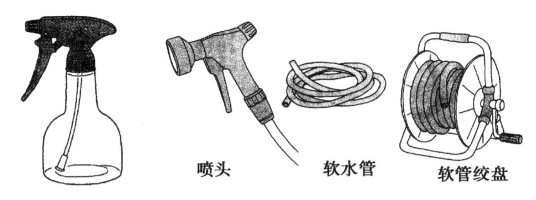

图 手持喷雾器 图 连接水源的喷雾器(构造)

连接水源的喷雾器使用方法如下:

(1)洒水时将喷头接上软水管。

(2)软水管使用后倒净管中残留水,以免受损。

(3)浇水结束后,软水管收纳入软管绞盘存放,搬动方便。

第四讲 修剪用具的选择

剪刀类修剪工具很多,对于刚入门家庭花卉栽培的老年花友来说,普通的修枝剪和切枝剪就足够了。

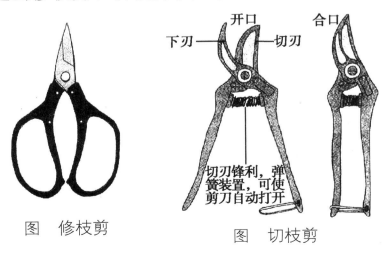

下刃 开口 切刃 合口

切刃锋利,弹
簧装置,可使
剪刀自动打开

图 修枝剪 图 切枝剪

1. 修枝剪

（1）修枝剪的手持方法：四指并拢剪法和食指在外持剪法。两种方法的切枝动作相同，手指紧握剪把，剪刀切刃固定不动，四指紧握受刃，用力切割。

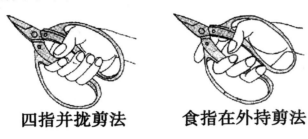

四指并拢剪法　　　　**食指在外持剪法**

图　修枝剪的手持方法

（2）修枝剪的用法：剪细枝、叶子，用剪刀刃片的上部；剪粗枝，用剪刀刃片的根部。

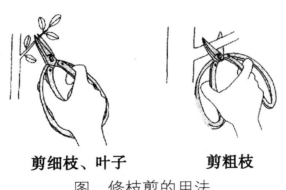

剪细枝、叶子　　　　　**剪粗枝**

图　修枝剪的用法

2. 切枝剪

（1）切枝剪的手持方法：正确方法是全手紧握剪柄。错误方法是只用手指握剪柄，操作时使不上力气；或者反手握剪柄。

正确方法　　　　错误方法　　　　错误方法

图　切枝剪的手持方法

（2）切枝剪的用法：切枝时下刃固定，切刃用力；切刃和下刃同时用力，可切下粗枝。

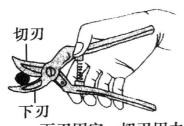 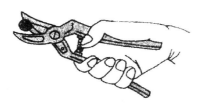

切刃

下刃

下刃固定，切刃用力　　　　切刃和下刃同时用力

图　切枝剪的用法

第五讲　其他用具的选择

在花卉日常养护管理中，除了用到以上常见用具外，还有很多其他用具，如喷洒药剂、肥料的工具，环境监测工具，支撑保护工具，播种工具，等等。

1.喷洒药剂、肥料的工具

喷洒药剂、肥料的工具一般有刻度水壶、桶、移植铲、漏斗、吸量管、简易喷雾器、量匙、量杯、手动式喷雾器等。

（1）刻度水壶：用于施液肥，容易掌握用量。

（2）桶：用于盛液肥，混合肥料。

（3）移植铲：用于掺和肥料，穴施肥料。

（4）漏斗：用于小口容器灌装肥料。

（5）吸量管：用于计量药品原液。

（6）简易喷雾器：用于喷洒药剂，适合盆栽数量少的家庭。

（7）量匙、量杯：用于粉剂、颗粒药剂及化肥的计量。

（8）手动式喷雾器：用于喷洒药剂，适合盆栽数量多、栽植面积大的家庭。

刻度水壶　　桶　　移植铲　　漏斗　　吸量管　　简易喷雾器　　量匙、量杯　　手动式喷雾器

图　喷洒药剂、肥料的工具

2. 环境监测工具

环境监测工具一般有温湿度计、最高最低温度计、温度计、土壤酸度计等。

3. 支撑保护工具

支撑保护工具一般有 U 字形支柱、灯罩形支柱、支柱组合扣、尼龙草绳、棒状支柱等。

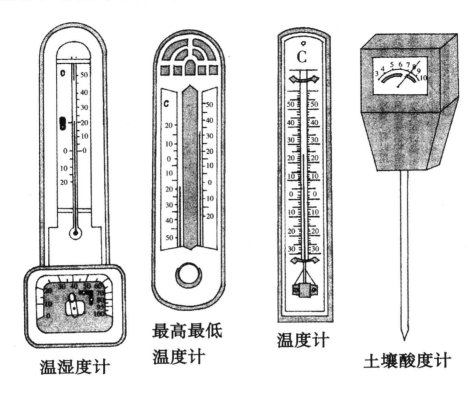

温湿度计　最高最低温度计　温度计　土壤酸度计

图　环境监测工具

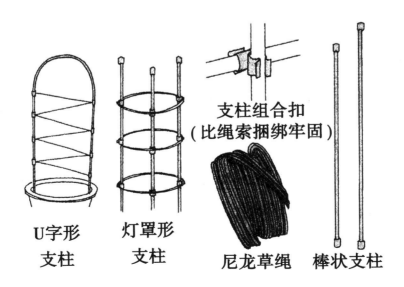

U字形支柱　灯罩形支柱　支柱组合扣（比绳索捆绑牢固）　尼龙草绳　棒状支柱

图　支撑工具

4.播种工具

播种工具一般有穴盘、育苗箱、聚酯钵等。

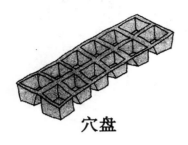 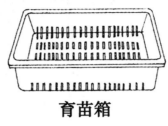 

穴盘   育苗箱   聚酯钵

图　播种工具

第四课

花卉的日常管理

第一讲　浇水

一、浇水方法

土壤发白,说明土壤缺水,应向植物根部注水,注水量以盆底排水口溢水为宜。

浇水时不应直接浇叶片花朵,既是预防叶片花朵因潮湿发生病害,也是避免因叶片花朵挡水造成土壤进水不足;浇水时不应水流过大或从高处灌水,容易造成土壤流失;夏季浇水应注意水管中的水温,先将高温水排走再浇水。

正确方法　　　　进水不足　　　　土壤流失

图　浇水方法

二、浇水时间

1.春季

应根据气温变化,逐渐增加浇水量。一般来说,草本花卉每周浇水 1~2 次,木本花卉每 7~10 天浇水 1 次,多肉植物每 15~20 天浇水 1 次。以早晚浇水为宜。

2. 夏季

草本花卉每 1~2 天浇水 1 次,高温时每天 1~2 次。多年生宿根花卉每周 2~3 次。球根花卉高温时每周 1~2 次。木本花卉盆土 2~3 厘米干燥就浇水。观叶植物除保持土壤湿润外,早晚还要向叶面喷水。以早晚浇水为宜,切忌中午浇冷水。

3. 秋季

气温开始下降,昼夜温差大,浇水次数灵活,应根据需要及时补充水分。

4. 冬季

温度低,浇水以晴天中午为宜,浇水不宜过多。

图　夏冬浇水时间

三、外出浇水方法

冬天植物水分蒸发慢,即使外出 2~3 天也不用担心失水,但是夏天必须每天浇水。夏季外出期间,为避免植物缺水枯萎,必须采取有效的方法供水。根据外出时间长短、花盆数量,可采取不同措施。

1.数盆并套法

(1)把数只栽有花木的花盆摆放在装有陶粒的盆式容器中,再装入砂砾、土。

(2)将盆式容器放置在树荫下。

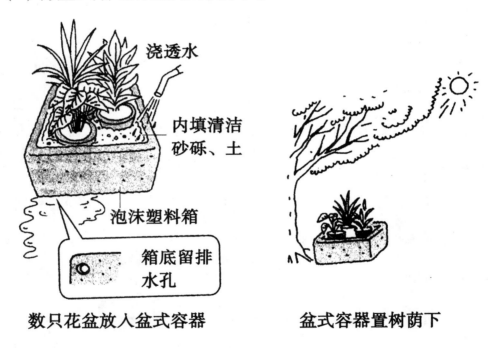

浇透水

内填清洁砂砾、土

泡沫塑料箱

箱底留排水孔

数只花盆放入盆式容器　　　盆式容器置树荫下

图　数盆并套法

2.套盆供水法

(1)备一个大花盆。

(2)大花盆中装入沙、土,再将栽有花木的小花盆套放在大花盆内,浇透水。

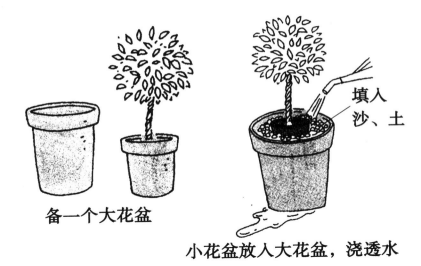

备一个大花盆

小花盆放入大花盆，浇透水

图 套盆供水法

3.其他浇水方法

（1）腰水浸润法:把数只花盆排列于泡沫塑料盒内,加水 3~4 厘米,矿泉水瓶注满水后倒置于泡沫塑料盒内,用细绳固定,随着塑料盒内水位下降,矿泉水瓶的水缓缓流出,供植物吸收。

（2）矿泉水瓶滴灌法:矿泉水瓶内装满水,瓶盖上扎一个注射针头,瓶嘴对着花盆,瓶身斜靠在花盆沿。

（3）土埋法:把盆栽花直接连盆埋在树荫下。

（4）毛巾渗透法:水池内注满水,把毛巾或无纺布一端垂于水池内,一端平铺在平台上,使其从水池中逐渐吸水。花木摆放在铺有毛巾或无纺布的平台上,用渗透法从下向上给花木供水。塑料花盆不能从下往上吸水,可以在塑料花盆内塞一个棉条,直达盆底孔洞吸水。

（5）自动供水器供水:容器中灌满水,用定时器设定供水时间,水泵按照设定时间给植物浇水。

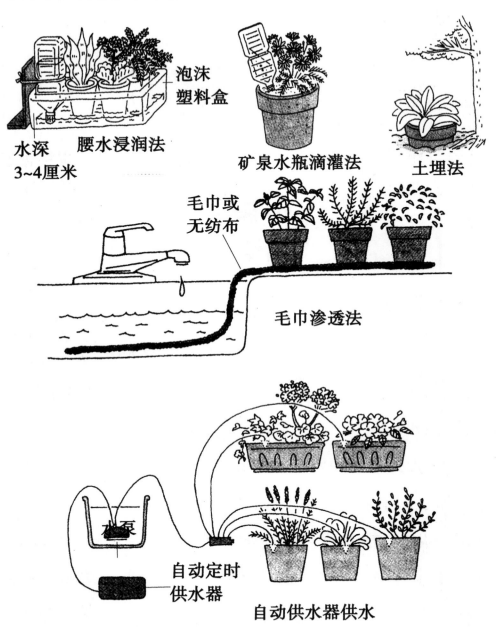

图　其他浇水方法

第二讲 施肥

一、肥料种类

肥料可粗分为有机肥和无机肥,家庭购买肥料时应根据肥料特性,选购与栽培目的相符的种类。常用肥料种类对花卉生长的影响列举如下:

1. 有机肥

【适宜花草】除多肉和仙人掌之外的大部分植物。

【代表肥料】各种饼肥、家禽家畜粪肥、骨粉、米糠、下脚料等,主要来自自然物质。

【优点】肥力释放慢,肥效长,不易引起烧根。

【缺点】养分含量低,有臭味,容易弄脏花卉叶片。

2. 无机肥

【适宜花草】开花和结果的植物,在花果前使用。

【代表肥料】硫酸铵、尿素、硝酸铵、过磷酸钙、氯化钙等,通常称为"化肥"。

【优点】肥效快,花卉容易吸收,养分含量高。

【缺点】使用不当容易伤苗。

3. 市售专用肥

【适宜花草】适用对应的植物,如兰花专用肥适用于蝴蝶兰、石斛等。

【代表肥料】广泛采用氮、磷、钾配置的"复合肥",如"花宝"系列水溶性高效营养肥。

【优点】可根据土壤酸碱度和所含微量元素确定用量,还可根据花卉种类施用。

【缺点】需了解功能专类专用,使用不当可能适得其反,且价格较普通肥料高。

二、肥料中不同无机元素的作用

植物生长发育必须具备 16 种无机营养元素,其中氮、磷、钾 3 种元素最为重要,被称为肥料三要素。不同的营养元素作用于植物不同的部位。

图　不同无机元素的作用

三、四季施肥的区别

春季,花草茎、叶生长最快,开花种类最多,需要补充营养,应多施;夏季,部分花草进入半休眠状态,应少施;秋季,花草茎、叶生长和开花,应适量;冬季,部分花草进入落叶休眠期,应减少或停止。

1. 镁

镁能促进植物的光合作用和吸收土壤中的磷酸。

2. 氮

氮有助于植物叶、枝、根的生长。土壤中氮含量不足,叶片发黄。

3. 磷

磷能促进植物开花、结实和根的生长发育。土壤中磷含量不足,花芽分化不良,花期、结实均延迟。

4. 钾

钾能促进植物根、茎生长粗壮,以及各个器官的生长发育。土壤中钾含量不足,叶片中心部位呈暗绿色,叶尖、叶缘焦黄。

5. 钙

钙能促进植物根的发育,改善土壤的酸度。

四、施肥方法

给植物施肥,切忌一次施过量。应先施一半作底肥,另一半作追肥。追肥时也要根据实际需要,少量多次。

对喜高肥的植物,速效性复合肥料要多施,反之少施。肥料与土充分混合,放置1周后再装盆。

对生长速度快、花期长的植物,缓效性肥料要多施;对生长速度慢、植株形态低矮的植物,要少施;肥料与土充分混合,放置1周后再装盆。

1. 底肥撒施方法

(1)速效性复合肥料(普通复合肥料):10升土(赤玉土7升、腐叶土3升,混合),加入10~20克复合肥料,混合。

(2)缓效性肥料(有机质肥料):10升土(赤玉土7升、腐叶土3升,混合),加入40~100克骨粉、油粕,混合。

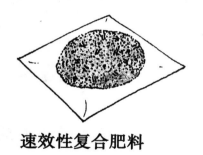
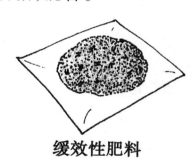

速效性复合肥料　　　　　　　　**缓效性肥料**

图　底肥撒施方法

2. 追肥撒施方法

(1)颗粒、片剂型肥料,施肥要避开根部。

(2)颗粒型肥料放入花盆,浇水时用水冲颗粒肥料,使其逐渐溶解于盆土中。

(3)液体型肥料,每5~10天追施1次,要兑水稀释后施入。

颗粒、片剂
型避开根部

颗粒型放入
花盆，用水冲

液体型兑水
稀释后施入

图 追肥撒施方法

第三讲 整形修剪

整形修剪不仅可以使植株外观更美，还能促进植物快速生长。有些植物（如月季、扶桑、茉莉等）生长迅速，如不及时修剪会出现徒长，造成植物老化死亡。常见修剪方式有摘心、摘芽、疏剪、重剪、摘除残花、摘蕾、修根、短截等。

一、摘心

摘心指摘除植株茎部顶端的幼嫩叶片。可刺激植株下部分枝增多，花量增大，并使株形紧凑。常用于小菊、长寿花、天竺葵、网纹草、美女樱等。一般来说，摘心后植株会更加枝叶繁茂，形态浑圆、丰满。

二、摘芽

摘芽指摘除植株基部及干枝上萌发的不定芽。可使营养集中供应，促进顶芽的生长发育。如菊花中独头菊的栽培。一般来说，在侧芽未伸展开时就应摘除，摘除晚了无效果。

| 摘心前 | 摘除顶芽、芽尖 | 摘心后 |

图　一串红摘心方法

| 摘芽前 | 摘除侧芽 | 摘芽后 |

图　独头菊摘芽方法

三、疏剪

将老枝、病枝、弱枝、过密枝、枯枝等清除，保持植株外观整齐，促进新枝生长，达到更新的目的。常用于梅花、蟹爪兰、扶桑等花灌木和多浆植物。

四、重剪

将整个植株 1/3～1/2 剪除或留下植株基部 10～20 厘米，促使基部或根际萌发新枝。常用于植株过高或长势极弱的花木，如太阳花、天竺葵、三角梅、茉莉、月季等。

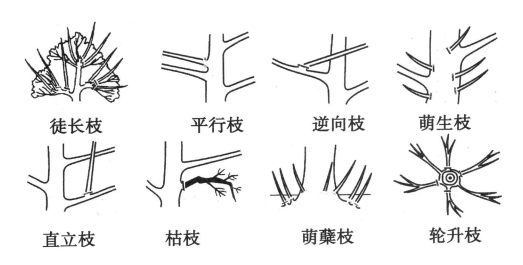

徒长枝　　　　平行枝　　　　逆向枝　　　　萌生枝

直立枝　　　枯枝　　　萌蘖枝　　　轮升枝

图　疏剪部位

重剪前　　　　　　　　重剪后

图　重剪前后对比图

五、摘除残花

定期将开败的残花摘掉,减少养分的消耗,促进花芽生长。不同花卉其处理方法不同,如君子兰、天竺葵要将花茎一起剪除,长寿花要将花序和花序下部的一对叶片一起剪除,非洲凤仙、报春花谢后将花瓣摘掉而留下花茎。

下层花凋谢后，　　球根花卉　　手掐花茎扭
从花茎根部剪除　　用手掐去　　转向上提出

图　摘除残花方法

六、摘蕾

有多个花蕾的花枝，为了使花大一些，一个花枝只留一个花蕾，其余摘除，让养分更集中，开的花更大；有些刚买回家不足一年的幼苗，有花蕾的一定要统一摘掉，因为小苗自身要生长，不要消耗有限的养分，透支生命。常用于芍药、月季、山茶等。

图　月季幼苗摘蕾方法

七、修根

修根常在花卉移栽或换盆时进行。移栽时,将过长的主根或受伤的根系加以修剪整理。换盆时,将老根、烂根、过密的根适当疏剪整理。

图　修根方法

八、短截

长寿花、四季海棠等草本植物和常春藤、铁线莲等藤本植物,可将整个植株或离主干基部 10～20 厘米以上部分剪掉,促使主干基部或根部萌发新枝。常用于植株过高或长势极度衰弱的植物,促进复壮。

短截前　　　　每枝仅留　　　　短截后　　　　追施肥料,秋
　　　　　　　2~3节　　　　　　　　　　　季再次开花

图　矮牵牛短截方法

第四讲　病虫害防治

植物病虫害种类繁多,症状多样,了解常见症状有助于人们判断其病因,从而找到相应的治疗措施。

一、常见病虫害种类及施农药防治方法

以下列出常见病虫害种类及施农药防治方法:

1. 叶斑病

【防治方法】剪除病叶,用 75% 百菌清 1 000 倍液或 50% 克菌丹 500 倍液喷洒,每 7~10 天 1 次,连喷 2~3 次。

2. 白粉病

【防治方法】剪除病叶,用 50% 多菌灵可湿性粉剂 1 000 倍液或 25% 十三吗啉乳油 1 000 倍液喷洒。

3. 锈病

【防治方法】剪除病叶,用 12.5% 烯唑醇可湿性粉剂 2 000 倍液喷洒。

4. 灰霉病

【防治方法】剪除病叶,通风,降低湿度,用 70% 甲基硫菌灵可湿性粉剂 800 倍液或 50% 多菌灵可湿性粉剂 800 倍液喷洒。

5. 蚜虫

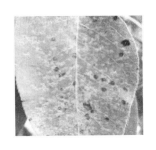

【防治方法】量少时捕捉幼虫,用烟灰水、肥皂水、皂荚水等涂抹叶片和梢芽;量多时用 40%氧化乐果乳油 1 000 倍液或 50%灭蚜威 2 000 倍液喷洒。

6. 斑枯病

【防治方法】初期用 50%多菌灵可湿性粉剂 600 倍液或 70%代森锰锌可湿性粉剂 2 000 倍液喷洒。

7. 炭疽病

【防治方法】剪除病叶,用 50%炭疽福美 500 倍液或 25%咪鲜胺乳油 3 000 倍液喷洒。

8. 介壳虫

【防治方法】剪除病叶,若虫孵化器,用 40%速扑杀乳剂 2 000 倍液喷洒,每 10 天 1 次,连喷 3 次,家庭可用竹签轻轻刮除。

9. 红蜘蛛

【防治方法】危害期用 40%扫螨净乳油 4 000 倍液或 40%氧化乐果乳油 1 500 倍液喷洒,家庭可用水经常冲刷叶片,或用乌桕叶、蓖麻叶水喷洒。

10. 白粉虱

【防治方法】在黄色胶合板上涂胶黏剂诱杀,或用塑料袋罩住盆子,用棉球滴上几滴80%敌敌畏乳油,放进罩内下部,连续熏杀几次即可。

二、预防病虫害和不施农药防治方法

家庭养花在于平时的细心观察,早期发现,及时处理病虫害是最基本的原则。一般轻微病虫害不鼓励使用农药,以防危害家人的健康。应以预防为主、防治结合,早期还可使用非药剂进行防治。

下列给出一些具体方法:

1. 预防病虫害的方法

(1)浇水适量,浇水过勤容易造成根部腐烂。

(2)花期后及时摘除残花、枯叶,减少病灶。

(3)使用经消毒处理过的无菌土。

(4)肥料施入要适量,氮素过多,植株茎叶柔弱,易受病害。

(5)花木及时修剪,减少水分蒸腾,发现顶部有发病症状应及时剪除。

(6)夏季可用水龙头冲洗叶片背面,预防叶螨、网�蝽类害虫的危害。

(7)秋冬季大部分害虫处于休眠期,可给花木喷洒药剂,有效防治害虫。

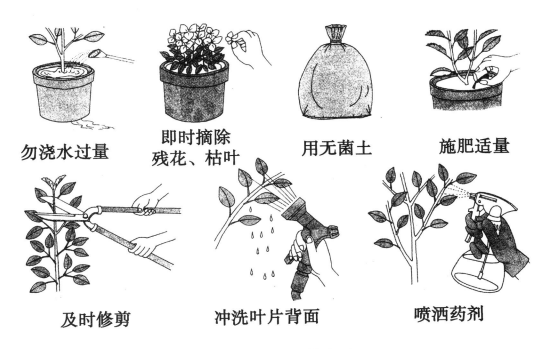

勿浇水过量　　即时摘除残花、枯叶　　用无菌土　　施肥适量

及时修剪　　冲洗叶片背面　　喷洒药剂

图　预防病虫害的方法

2. 不施农药防治病虫害的方法

（1）及时摘除病叶。

（2）发现害虫,用镊子、筷子夹取。

（3）用过的土装入黑色塑料袋中,夏天在强日光下暴晒消毒。

（4）用过的盆栽容器用沸水消毒。

及时摘除病叶　　夹除害虫　　暴晒消毒　　沸水消毒

图　不施农药防治病虫害的方法

防治蚜虫温馨小贴士：

图　蚜虫防治

牛奶:在晴天用牛奶喷蚜虫,牛奶形成的膜可以使蚜虫窒息死亡。

肥皂水:用 100% 肥皂液对水(10克:1升),喷洒。

烟草液:50 克烟蒂,揉碎后放入 1 升水中,使烟蒂中的尼古丁释放于水中,喷洒。

第五讲　翻盆换土

盆栽植物,随着植株的长大,根系的发达,花盆容积有限,土壤养分耗损大,会出现老化现象,最好每隔 2 年翻盆换土 1 次。

一、翻盆换土的标准

翻盆换土的标准:植株生长过密,占据空间太满;根从排水孔中伸出;浇水不渗水;树形不整;不抽生新芽;叶色无光泽;枝条徒长;从主茎上或盆地生出根来;等等。

二、翻盆换土的时间和方法

春季开花的植物,在晚秋季节换土;秋季开花的植物,在早春季节换土。

植株生长过密
占据空间太满

根从排水
孔中伸出

浇水不
渗水

树形不整

不抽生新芽

叶色无光泽

枝条徒长

从主茎上或盆
地生出根来

图　翻盆换土的标准

1. 春季开花植物换土方法

（1）春季开花植物（如芍药），若发现其茎叶萎蔫，呈茶色，应在秋季发新根时翻盆换土。

（2）用剪刀从根茎部剪出茎叶。

（3）用拳头敲击盆底或盆侧，把根从盆中倒出。

（4）用剪刀从中间切开，将根一分为二，注意不要伤及幼芽。

（5）分株栽植，每株保留 3~4 个幼芽。

（6）换新土。

（7）浇透水，以水从盆底流出为止。

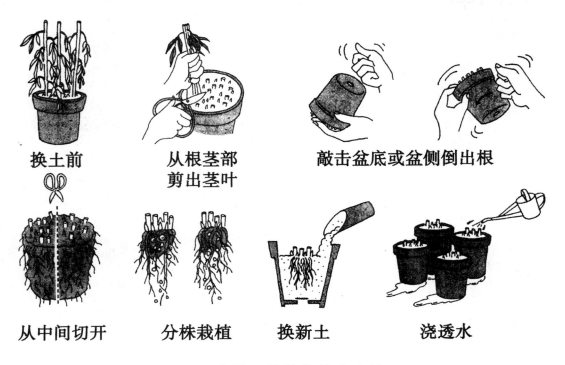

换土前	从根茎部 剪出茎叶	敲击盆底或盆侧倒出根

从中间切开	分株栽植	换新土	浇透水

图　春季开花植物换土方法

2.观叶植物换土方法

（1）剪掉长出容器外的树根。

（2）一手持茎，一手轻扣盆沿，把植株倒出花盆。

（3）减去 1/3 宿土，修剪树根。

（4）植株植入容器并浇透水，放在半遮阴的地方，缓苗 1 周后正常管理。缓释性混合肥料作为底肥施在根部的下方，不要施在根部周围，以免烧伤根部。

剪去叶尖
(叶片1/3)

把植株倒出花盆

剪掉容器外树根

用木棒支撑，
防止倒伏

减去1/3宿土，修剪树根

防虫网
植株植入容器，浇水，施肥

图 观叶植物换土方法

三、土壤的恢复

观赏植物盆栽用土,使用时间过长,土壤结构会受到破坏,其排水性、透气性都会恶化,肥力下降,甚至可能会出现虫卵或病菌。因此,可以采取有效的方法将劣质土变为好土。建议不要轻易抛弃旧土。

宿土更新方法如下:

(1)从根部剪掉枯萎的植株。

(2)放在阳光下暴晒,使其干燥。

(3)干燥后放在塑料布上,用小铲子切开,拍碎。

(4)用筛子筛去土壤中的杂草、植物残根及其他垃圾。

(5)将过筛后的土壤放在塑料布上摊开,在阳光下暴晒数日消毒,杀虫卵、杀菌。

(6)装入塑料袋中,扎口保管。

(7)再次使用前一定要对土壤进行消毒处理,强光照射消毒。

(8)在消毒后的更新土中掺入腐叶土。

(9)更新土与腐叶土混合后再以 7∶3 比例与市售培养土掺和,配置成新培养土。

从根部剪掉
枯萎植株

阳光下暴晒

干燥后切开，拍碎

杂草、残根、垃圾
筛去杂质

阳光下暴晒
至发白

装入塑料袋扎口

强光照射消毒

腐叶土

消毒后的
更新土

掺入腐叶土

底肥
更新土:培养土
=7:3

底肥
配成新培养土

图　宿土更新方法

第六讲　花卉越冬、度夏的处理

冬季、夏季一般不适宜植物生长,冬季室内干燥、温差大,植物易受冻害;夏季高温多湿,植物易受病虫害、热害。合理采取保护措施是让植物健康度过不适天气的正确方法。

一、花卉越冬

1. 室内花卉越冬

重点在于湿度和夜间温度的调控。室内温差调控幅度在10 ℃以内。具体措施如下:

(1)反扣泡沫塑料箱,开洞,花盆放入洞内,保护花卉根部不受伤害。

(2)不耐寒的热带花卉,夜间室内温度降到10 ℃以下时,用纸箱罩住。

(3)夜间,用纸袋罩住花盆。

(4)用塑料薄膜覆盖植株。

(5)用铝薄膜包裹花盆,保持根部温度。

2. 阳台花卉越冬

楼层越高,风越大,气温越低,植株越容易干燥。因此,不耐寒植物要移入室内过冬;耐寒植物要集中摆放,注意挡风,可用塑料薄膜覆盖。但是中午要打开通风,天气晴好时更应打开通风,防止温度过高灼烧植物。

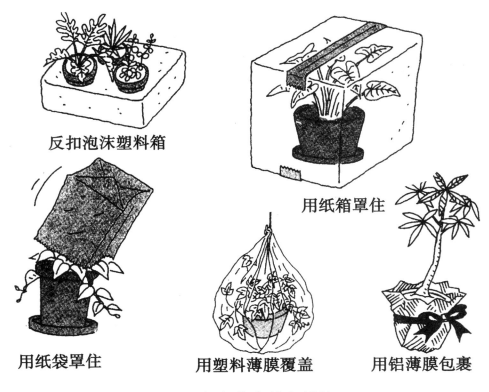

反扣泡沫塑料箱

用纸箱罩住

用纸袋罩住

用塑料薄膜覆盖

用铝薄膜包裹

图 室内花卉越冬措施

用塑料薄膜覆盖

用无纺布等材料将四周围起，用晾衣服架子固定，防风保温

下部遮掩

板条式地板

盆栽植物摆放在泡沫塑料箱内

图 阳台花卉越冬措施

二、花卉度夏

1. 防梅雨对策

高温多湿是夏季主要特点,植物在此环境下容易发生病虫害。可采取的措施如下:

(1)下雨时,露天植物下面的托盘反扣在地面,防止积水引发根腐烂。

(2)疏枝,可改善植物的通风透光条件。枝叶生长过密,在高温高湿条件下容易发生病虫害。

(3)花盆之间保持距离,摆放过密,植物茎叶互相缠绕,易造成通风不良、温度过高,茎叶也容易发生腐烂。

托盘反扣　　　　疏枝　　　　花盆分开

图　防梅雨对策

2. 防热害对策

想要植株安全度夏,关键在于为其创造一个较为温凉的环境。一般植物根部温度应低于花盆表土温度 5~10 ℃,否则,根的吸水功能、呼吸作用都会减弱,正常生理机能受损。可采取的措施如下:

（1）泡沫塑料箱内铺一层砂砾,注水后放入花盆。

（2）将花盆放入另一个大两号的花盆中,两花盆之间填入苔藓或报纸,浇水。

（3）将花盆放在花台上,可减弱地面阳光反射产生的热害。

（4）傍晚时分,向地面、花盆、花木茎叶处喷水,借此降低温度,制造凉爽小环境。

图　防热害对策

3.防日光灼伤对策

花木受夏季强光直射,长势弱化,叶片易受日光灼伤。对于不耐热植物,应采取遮光处理,保护其安全度夏。可采取的措施如下:

（1）将植物集中摆放,罩上冷纱或遮光网。

（2）阳光直射一面罩上冷纱或遮光网。

（3）用格状栅格网搭成马鞍形,把缠绕性植物盆栽置于支架下,使其茎叶向上攀缘,形成阴凉。

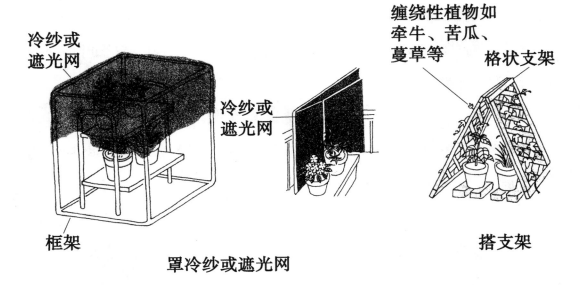

冷纱或
遮光网

冷纱或
遮光网

缠绕性植物如
牵牛、苦瓜、
蔓草等

格状支架

框架

罩冷纱或遮光网

搭支架

图　防日光灼伤对策

第七讲　花卉的应急处理

盆栽花卉,生长空间有限,只能依靠盆土生长发育,别无其他途径。如果疏于管理,植株生长很快就会陷入不良状况,如严重缺水、受到冻害等。如果不及时采取补救措施,植株很快就会死亡。

1. 失水处理措施

将失水盆栽连同花盆一起放入水桶内,让盆土逐渐吸水,以补充盆栽植物水分。一次性浇透水,但吸收则需要一定的时间。注意花朵不要沾水,植株可逐渐恢复正常状态。

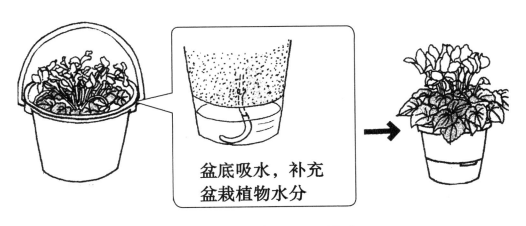

图　仙客来失水处理措施

2. 冻害处理措施

植株受到冻害,叶片发黑,不要把受冻害植株搬入温暖的地方,也不要向叶片洒温水,否则会让冻害加重。可以用报纸卷成筒状包裹花盆,上面用绳子扎口,注意不要碰到植株。之后将花盆移至不通风且无日光照射的地方,等待其慢慢恢复。

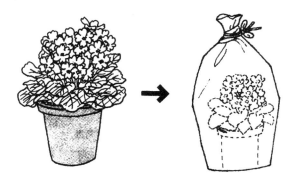

图　盆栽花卉冻害处理措施

第五课

花卉装饰

第一讲　不同房间养不同花草

室内环境与
花卉生长

扫码
观看

从装饰的角度、结合花卉的自身特点，不同的房间可以考虑养不同的花草，比如客厅、卧室、书房、厨房、餐厅、卫生间、电脑与复印机运转房间以及新装修的房间等，均可选择适合的种类。

一、客厅推荐用花

1. 散尾葵

【推荐理由】每平方米叶片 24 小时可清除 0.38 毫克甲醛、1.58 毫克氨，每天可蒸发 1 升水，是天然"增湿器"。

2. 杜鹃

【推荐理由】对氨气非常敏感，可作为氨气检验植物；对二氧化硫、臭氧等有害气体抗性和吸收能力强。

3. 橡皮树

【推荐理由】能吸附空气中粉尘,消除香烟中有害气体,有绿色"吸尘器"美称;还可吸收一氧化碳、氟化氢等有害气体。

4. 山茶

【推荐理由】对烟尘、铬酸、硝酸烟雾等有较强的抗性和净化作用。

5. 君子兰

【推荐理由】能吸收大量粉尘、灰尘、有害气体,被誉为"除尘器",同时叶片宽厚,氧气释放量是一般植物的几十倍。

6. 苏铁

【推荐理由】能去除香烟、人造纤维中释放的 80% 的苯,有效分解甲醛和二甲苯;小型盆栽别致优雅。

7. 龟背竹

【推荐理由】吸收甲醛功能明显，又有夜间吸收二氧化碳、释放氧气的作用，能有效改善空气质量。

8. 发财树

【推荐理由】可消除居室中的甲醛和氨，吸收氟化氢。

备注：一品红、幸福树、福禄桐等植物也适合客厅摆放。

二、卧室推荐用花

1. 虎尾兰

【推荐理由】一盆虎尾兰可吸收 10 平方米左右房间里 10% 以上的有害气体，去除甲醛能力突出，还有吸附烟尘的功效。

2. 铜钱草

【推荐理由】水养在鱼缸中,可净化水质;半土半水养可增加空气湿度,调节室内小气候。

3. 条纹十二卷

【推荐理由】夜间能吸收二氧化碳,释放氧气,使室内空气清新。

4. 亮丝草

【推荐理由】可吸收甲醛、尼古丁、二氧化硫等有害物质;空气中污染物浓度越高,越能发挥其净化能力。

5. 小苍兰

【推荐理由】对氟化氢敏感,可通过其监测空气质量。

三、书房推荐用花

1. 文竹

【推荐理由】夜间可吸收二氧化碳、二氧化硫,还可清除空气中细菌和病毒,适宜在书房、办公室栽植。

2. 天竺葵

【推荐理由】气味特殊,具有杀菌作用,夏季放置在书房可提神醒脑;香叶天竺葵还可驱蚊、抗真菌、抗抑郁。

3. 春兰

【推荐理由】有吸收甲醛、一氧化碳的作用,清香的气味可降低室内异味,使空气清新。

4. 茉莉

【推荐理由】茉莉花的香气有清洁呼吸道、降压、安神的功效。

5.菊花

【推荐理由】花色清丽,有淡淡清香,可宁心安神、缓解疲劳。

四、厨房推荐用花

1.薄荷

【推荐理由】可散发特有香味,具有杀菌作用,对空气有一定净化作用。

2.冷水花

【推荐理由】能净化厨房油烟,吸收烟尘,还可吸收甲醛、硫化氢等有毒气体,是净化能力超强的天然空气清新剂。

3.朱砂根

【推荐理由】可吸附空气中的尘埃和厨房油烟。

五、餐厅推荐用花

1. 蝴蝶兰

【**推荐理由**】可增加空气湿度，装点餐厅。

2. 幸福树

【**推荐理由**】可增加空气中负离子含量，株形优雅，赏心悦目。

3. 迷迭香

【**推荐理由**】具有微微茶香，可宁心安神，营造轻松舒适的进餐环境。

六、卫生间推荐用花

1. 米兰

【**推荐理由**】香气宜人，可杀菌、净化空气，还能吸收二氧化硫和氯气，消除三氯乙烯、苯、氟化氢等有毒物质。

2. 百里香

【推荐理由】香气可消除卫生间、居室异味,杀灭细菌,还能宁心安神、缓解疲劳。

3. 绿元宝

【推荐理由】生命力强劲,适合摆放在阴暗、潮湿的环境中,是净化卫生间异味的最佳植物。

七、电脑与复印机运转房间推荐用花

1. 仙人球

【推荐理由】具有较强的抗辐射能力,夜间可吸收二氧化碳、释放氧气。

2. 芦荟

【推荐理由】吸收甲醛的高手,可分解打印机排放的苯,还可吸尘、杀菌。

3. 蟹爪兰

【推荐理由】具有吸收辐射的作用，可减少电子产品、电器产生的电磁辐射污染。

4. 银皇后

【推荐理由】可去除空气中的甲醛、尼古丁，还能吸收打印机辐射。空气中污染物浓度越高，净化能力越强。

5. 豆瓣绿

【推荐理由】可吸收甲醛和电脑辐射，增加空气湿度。

6. 波士顿肾蕨

【推荐理由】可吸收甲醛，还可吸收电脑辐射和打印机释放的甲苯、二甲苯等，是相当出色的"空气净化器"。

八、新装修的房子推荐用花

1. 常春藤

【推荐理由】每平方米常春藤叶片可吸收 1.48 毫克甲醛；一盆常春藤可清除 8~10 平方米房间内的苯，还可抵制吸烟释放的致癌物，能吸纳吸尘器都难以吸收的灰尘。

2. 吊兰

【推荐理由】1 天能吸收 1 立方米空气中 95% 的一氧化碳和 85% 的甲醛，还能吸收大量的苯和三氯乙烯等有毒气体，有"居室空气净化器"之称。

3. 绿萝

【推荐理由】净化甲醛、氨气效果极好，每立方米叶片 24 小时可清除 0.59 毫克甲醛、2.48 毫克氨。

4. 非洲菊

【推荐理由】能有效吸收和分解装修污染中的甲醛、苯等有毒气体，还能吸收烟草中的尼古丁，净化空气。

5. 蜘蛛抱蛋

【推荐理由】能清除甲醛污染,对二氧化碳、氟化氢有一定吸收能力,可吸收空气中 80% 以上的多种有害气体。

备注:波士顿肾蕨、芦荟等也可作为新装修房间用花。

第二讲　室内花卉摆放要点

一、美学原则

1. 构图合理

室内花卉在装饰时,注意布置均衡和比例适度。如较大的居室适宜一侧摆放大型植物,另一侧摆放矮小植物或悬垂植物,以达到视觉上的平衡。

2. 色彩协调

花色、叶色与室内装饰颜色、室内光线明暗、季节变化相协调。如色彩较深、光线较暗的房间,适宜摆放色彩明快、清新淡雅的盆花;背景浅淡的房间,则适合摆放花色艳丽、叶色浓绿的植物。

3. 形式和谐

室内摆放花卉与环境、器具、物品之间以及植株形态之间都要相互协调。

图　室内花卉摆放示例

二、实用原则

室内花卉装饰要考虑摆放场所的使用功能。客厅、卧室、书房等不同的功能分区,需要摆放不同的植物,用以营造氛围或舒缓情绪。

玄关是进门看到的第一个地方,摆放的植物怎么样,第一眼的感观很重要,因此摆放时一定要慎重,美观是基础,最好能对空气也有相当好的净化作用。比如,一些观叶植物,绿意盎然,会让人心情舒畅。

卧室摆放花卉时,要考虑提高睡眠质量,可摆放一些让人觉得放松的花,帮助睡眠,比如薄荷、薰衣草、茉莉花等就是不错的选择。千万不要摆放百合一类浓香的植

多肉植物盆栽　扫码观看

物,易引起中枢神经兴奋,影响睡眠质量。

此外,卧室的绿化主要起点缀作用。可选择一些观叶植物,如多肉多浆类植物、蕨类植物或色彩淡雅的小型盆景,以创造安静、舒适、柔和的室内环境。一般卧室空间不大,在茶几、案头可放置"迷你型"小花卉,在高的橱柜上放置小型观叶植物,矮的橱上放置非洲紫罗兰、吊兰等。可根据年龄和兴趣的需要安排相应的花,年轻人的卧室,可摆放色彩对比强的鲜切花、盆花;老年人的卧室,不应在窗台上放置大的盆花,以免影响室内光线。卧室内不宜悬挂花篮、花盆,以避免滴水。

餐厅是家人每天团聚、进餐的重要场所,最好是摆放一些没有气味且美观的花,并注重花卉色彩的变化与对比,可以增加食欲、活跃气氛。

厨房绿化要注意花的色彩,以白色、冷色、淡色为主,以体现清凉感及宽敞感。

书房是学习和工作的房间。可在室内适当摆设盆花或小山石盆景,但花色、树形要有朝气。在书桌上点缀玫瑰花、菊花、剑兰等鲜艳瓶插花,摆放文竹、五针松、凤尾竹或悬挂吊兰、常春藤,以示文静高雅,有利于主人集中精神、减少疲劳。书房的绿化宗旨是宜少不宜多,宜小不宜大。

客厅应选择观赏价值高、姿态优美、色彩深绿的盆栽花木或盆景。进门的两旁、窗台、花架可布置枝叶繁茂下垂的小型盆花,花色应与家具环境相调和或稍有对比性。在沙发两边及墙角处可用盆栽印度橡皮树、富贵椰子等;茶几上可适当布置鲜艳的插花;桌子上点缀小型盆景。摆放时不宜置于桌子正中央,以免影响视线。较大的客厅,可利用局部空间创造立体花园,突出主体植物,表现主人性格,还可采用吊挂花篮布置,借以平面装饰空间;较小的客厅,不宜摆放过多的大中型盆景,以免显得拥挤。

家庭小桌花　扫码观看　　　苔藓微景观　扫码观看

第三讲　露台(阳台)植物栽植要点

露台(阳台)是由室内到室外的自然过渡地带,是呼吸新鲜空气、沐浴温暖阳光的理想场所,景观设计的好坏直接影响到生活的舒适度。

露台(阳台)景观的风格与功能要与室内风格相呼应、相连贯,景观设计重在体现休闲舒适温馨并有创意。与客厅甚至是卧室相连的宽大露台上,可以营造出姹紫嫣红、生机勃勃、竞相斗艳、吐露芬芳的氛围。闲暇时,可以在花团锦簇中品茗、谈心,仰望天空之高远,俯瞰坡地之葱茏。在与自然的直接交流中,让人心旷神怡。

试想一下,如图中所示,站在阳台上,既能凭栏远眺,也可以晾晒衣物、养花养草，为生活增添一份悠闲自得的情趣。室内延伸出来的防腐木平台既温馨又适用，不仅可以延伸室内的空间，还可以休闲品茗就餐和观景，赋予浓浓的休闲气息。木格子吊顶是露台花园的一大亮点，经过特殊处理的木格子吊顶具有良好的防腐功能，装饰效果也不错，日后可以种植一些常春藤等藤科植物，使其在木格子上攀缠，将吊顶变成精美的花架。

图　露台（阳台）实景图

阳台的面积或空间较小时，可以不用吊顶，以免产生向下的压迫感。可以点缀一些木栅格和木花箱，既方便种植又美观适用好打理。想要再增添一份灵气和动感，可以根据风格和空间的要求，设计一个易于排水和打理的小水景，或者在亮点区设计景观流水小品或是买个成品水缸，还可以根据需要安装集成木地板、木栅格及颇具意境的日式枯山水景观。

  阳台既能种植花草,也能摆放盆景,还能养鸟、养鱼和种菜。在阳台养花、品茶和健身也有讲究,比如用绿色植物布置阳台,需要做好防水层,以确保排水系统的顺畅,避免积水渗透进居室;要考虑室外水平高度一定要比室内低,出门要有门槛或落差高度挡水。另外,花草要选择抗虫性高的品种,种植带与居室要做必要的分隔,以免虫蚁进屋。

延伸学习

常见养花养草问题解决小妙招

1. 刚买的观叶植物,为什么叶片变黄了?

造成叶片变黄的原因很多,如长期摆放在光线较差的场所;浇水过多,嫩叶变黄,缺水,下部叶片逐渐向上干黄或焦枯;施肥过量,新叶肥厚有光泽,但凹凸不平、老叶渐落、肥力过少,则植株嫩枝、节长、叶薄嫩黄;室温时高时低,室内通风不畅;介壳虫等虫害。这些都会引发叶片发黄,甚至落叶。需找出原因,有针对性地改善环境,才能防止恶化。

2. 为什么有些花茎在窗台上很容易弯向有光的一面?

植物花茎向光性很强,容易发生弯曲,因此,需要定期更换位置,转一转方向,否则植物品相不好。

3. 家里的花灌木为什么花越开越少、越开越小？

要使花灌木开花多、开得好，需要年年修枝剪叶，几年重剪一次，促进萌发新花枝，并将根部修剪后重新栽植，施基肥。

4. 盆栽常绿花木冬季搬进室内后，为什么常落叶和落蕾？

盆栽常绿花木，冬季要防止盆土缺水干燥或过湿，注意通风，防止病虫害，防止空气干燥和光照不足；远离空调口，以免热风吹袭。

5. 去年春节买的开花盆栽，为什么今年春节不开花了？

花市上出售的盆栽花木，不少是热带地区的花灌木，喜欢高温高湿的环境，如果环境达不到上述条件，较难形成花苞；同时，开花过程中要随时修剪凋谢的花序，花后还要减去开过花的花枝的一半，促进萌发新花枝。

6. 有金边的植物出现回归绿色怎么办？

要防止回归绿色，在生长过程中要提供充足的散射光，不能长期摆在阴暗处；科学施氮肥，严防过量；发现绿色叶片，立即剪除。

7. 怎样使观果盆栽多结果？

要先培育健壮的植株，开花时避免淋雨，多次人工授粉，可用毛笔从一朵花到另一朵花进行人工授粉；孕蕾后多施磷钾肥，可用磷酸二氢钾或花宝3号喷洒2~3次，促进坐果。

8. 多肉植物干枯可以浇水吗？

有些多肉植物叶色发暗红，叶尖及老叶干枯，有人认为是缺水现象,其实多肉植物在阳光暴晒或根部腐烂时也会出现上述情况,此时浇水不妥。因此,浇水前要先观察和判断。

9. 多肉植物徒长怎么办?

一般多肉植物徒长是由光线不足导致,但也不是唯一原因。如十二卷属植物过湿,也会徒长;景天属、青锁龙属、长生草属施肥过多,也会徒长;石莲花属部分品种,盆土过湿、施肥过多,也会徒长。

10. 多肉植物表面干瘪怎么办?

一般是由供水和光线不足导致,但如果给足了光线和水分还是干瘪,就要看根部是否出现问题。在干燥环境下,无根多肉叶片也会出现干瘪,一般对叶片喷雾即可。

11. 花蕾总是脱落是怎么回事?

花蕾脱落最常见的原因是空气干燥、植株缺水、光照不足,以及总是被移动。

12. 植物突然落叶是怎么回事?

叶片没有褪色就萎蔫,突然脱落,往往是由于植物受到了突然袭击,如温度骤然大幅度升降、白天日照强度急增或强冷风吹袭;土壤过度干燥,特别是木本植物,更容易落叶。

13. 植株叶尖、叶缘变褐是怎么回事?

如果只是叶尖变褐,可能是由热空气导致,也可能是擦伤,叶尖靠在墙上或窗户上也可能变褐;叶片边缘黄化或变褐原因较多,如浇水过多或过少、光照太强或不足、温度太高或太低、施肥

过多、空气湿度过低、通风过强等。需要确认原因，才能对症下药。

14. 植株花枯萎较快是怎么回事？

最可能的原因是缺水、空气干燥、光线太弱或温度太高。

15. 叶片出现卷曲、脱落的原因是什么？

可能是由于温度低，顶部喷水或吹冷风造成；也可能是夏季温度过高，需遮阴处理。

16. 盆花选用什么样的土壤好？

盆栽花卉土壤一方面要求养分尽量全面，在有限的盆土里含有花卉生长所需要的营养物质；另一方面要求有良好的理化性状，即结构要疏松、持水能力要强、酸碱度要合适、保肥性要好。因此，养花时应尽量选择团粒结构良好、疏松而又肥沃、保水排水性能良好，同时含有丰富腐殖质的中性或微酸性土壤。这种土壤重量轻、孔隙大、空气流通、营养丰富，有利于花卉根系发育和植株健壮生长。对于绝大多数花卉来说，如果把花卉栽种在通气透水性差的黏重土里，或栽种在缺少营养、保水保肥性差的纯沙土里，或栽种在碱性土壤里，都易引起生长衰弱，甚至死亡。一般盆花需要选用人工配制的培养土。

17. 花卉萎蔫后如何挽救？

盆栽花卉忘记浇水，特别是炎夏漏浇水，常易引起叶片萎蔫，若挽救方法不当，有时也会造成植株死亡。正确的做法是：发现叶片萎蔫，应立即将花盆移至阴凉处，向叶面喷些水，并浇少量水；以后随着茎叶逐渐恢复挺拔，再逐渐增加浇水量。此时，若一次浇过多的水,可能导致植株死亡。这是因为花卉萎蔫后大批根毛遭到了损伤,因而吸水能力大大降低,只有生出新的根毛之后,才能恢复原来的吸水能力。与此同时,萎蔫使细胞失水,遇水后细胞壁先吸水并迅速膨胀,原生质后吸水,膨胀速度缓慢,此时如果猛然浇大量的水,就会造成质壁分离,使原生质受到损伤,从而引起花卉死亡。

18. 为什么盛夏中午不宜用冷水浇花?

盛夏中午气温很高,花卉叶面温度常可高达 40 ℃,蒸腾作用强,根系需要不断吸收水分,补充叶面蒸腾的损失。如果此时浇冷水,土壤温度会突然降低,根毛受到低温的刺激,就会立即阻碍水分的正常吸收。这时由于花卉体内没有任何准备,叶面气孔没有关闭,水分失去了供求的平衡,导致叶片生理性萎蔫,使植株产生"生理干旱",叶片焦枯,严重时会引起全株死亡。因此,夏季浇花以早晨和傍晚为宜。

参考文献

［1］ 王意成.家庭健康养花［M］.南京：江苏科学技术出版社，2012.

［2］ 包满珠.花卉学［M］.北京：中国农业出版社，2003.

［3］ 鲁涤非.花卉学［M］.北京：中国农业出版社，2002.

［4］ 夏宝池，赵云琴，沈百炎.中国园林植物保护［M］.南京：江苏科学技术出版社，1992.

［5］ 李少球.花卉情趣［M］.广州：广东科技出版社，1996.

［6］ 王意成.新手养花不败指南［M］.北京：中国水利水电出版社，2014.

［7］ 王意成.健康花草旺全家［M］.南京：江苏科学技术出版社，2014.

［8］ 徐海宾.赏花指南［M］.北京：中国农业出版社，1997.

［9］ 小黑　晃，杉井明美，等.花木栽培与造型［M］.段传德，康世云，段晶晶，等，译.郑州：河南科学技术出版社，2002.